图说日光温室
东西向栽培关键技术

杨俊刚　邹国元 等 ◎ 编著

TUSHUO

RIGUANG WENSHI
DONGXIXIANG ZAIPEI
GUANJIAN JISHU

中国农业出版社
北 京

编 委 会

主　　编　杨俊刚　邹国元

副 主 编　张京开　张宝海　李治国　李晓明

编写人员（按姓氏笔画排序）

王志冉　左　强　闫子双　安红艳

孙焱鑫　李　明　李治国　李宗煦

李晓明　李淑婷　李雅豪　杨　烨

杨俊刚　连炳瑞　邹国元　张京开

张宝海　陈玉梅　周增产　禹振军

徐　凯

FOREWORD　前　言

　　设施蔬菜是我国农业的支柱产业，日光温室栽培是华北、黄淮、西北和东北地区设施蔬菜生产的主要方式。近年来北方日光温室加速发展，产业不断壮大，但人力短缺、成本增加的问题却日渐凸显，急需机械化技术支撑产业的可持续发展。与其他设施相比，日光温室机械化最为困难。

　　几十年来，日光温室以人工劳动为主，温室内的生产布局、垄沟方向，形成了南北向定植管理的传统。常规的南北向生产是基于人工劳动方便而不断形成的，在发展机械化方面存在较大的局限性。在日光温室内使用机器作畦时，由于南北向距离很短，一般在 6～10 米，机器需不断地折返，消耗大量的时间和人力成本。当前设施农业从业人员情况发生了较大的变化，温室劳动以老人和妇女为主，传统的以人力为主的生产方式受到极大的挑战。本书总结了自 2013 年起作者团队将南北向变为东西向，把菜"横"过来种的各种轻简技术。全书分为 7 章，分别为绪论、共性技术、叶类蔬菜东西向栽培关键技术、果类蔬菜东西向栽培关键技术、芳香类蔬菜东西向栽培关键技术和西瓜、草莓东西向栽培关键技术及展望，对温室东西向技术、设备和分作物栽培进行了系统的梳理，总结出东西向机械生产关键技术与集成模式，提出了温室机械作业参数标准化及东西向最佳配套栽培模式，可以显著提升生产效率与资源利用效率，对于实现和推进我国温室蔬菜轻简高效生产具有重要意义。

　　本书图文并茂，并附技术视频二维码，适合广大设施从业者、技术人员、管理人员参考阅读。由于作者水平有限，书中难免存在疏漏和不妥之处，敬请读者批评指正。

杨俊刚　邹国元

2023 年 8 月 28 日

CONTENTS 目　录

第一章

绪　论

　　我国是世界上设施蔬菜生产规模最大的国家，温室和大棚等大型设施占世界设施农业生产面积的85%以上。"十三五"以来，我国蔬菜面积以年均1.25%的增长率逐年增加，目前设施蔬菜播种面积已达到6 000万亩[*]以上，为解决城乡居民菜篮子问题做出巨大贡献。我国的设施蔬菜产业主要集中在环渤海地区，约占全国总面积的60%，这一地区也是采用日光温室一年多季集约化生产模式的典型地区。多年以来，集约化生产中大量资源和劳动力的投入已逐渐变得不可持续，环境污染、劳动力短缺和老龄化、水肥利用效率低下等问题日渐凸显。

　　日光温室蔬菜栽培，水肥投入强度大，养分损失十分严重。以北京为例，设施蔬菜地下水硝态氮平均含量为72.42毫克/升，超标率达100%（刘宏斌 等，2006），粮田、菜田和果园3种种植类型中均存在氮肥投入过量的问题。同时，设施蔬菜产业也面临从业人员老龄化、机械化程度低、生产效率低等问题（张真和，2014；董静 等，2017；黄绍文 等，2011）。李占台等（2019）对京郊设施蔬菜园区用工情况调研结果表明，大于50岁的人数占到了园区工人总数的78.3%，劳动力成本＞100元/（天·人）的占比55%，最高工资达140元/天。工人老龄化、用工成本逐年升高，

---

　　* 亩为非法定计量单位，1亩=1/15公顷。——编者注

导致园区难以招聘到合适的工人，尤其是工资低的园区，由于缺乏壮劳力，一些劳动强度高的工作，如耕地、起垄等无法按时完成或无法达到预期的工作效果，进而影响最后的产出。生产中新技术、新装备应用少，轻简化程度较低。在人力和物力两个方面都存在突出的问题，已经成为制约园区可持续发展的重要因素。因此，迫切需要改变传统的南北向栽培模式，采用适合机械化操作的东西向栽培模式，探索农机农艺有效融合的新方式。

针对这些问题，基于长期的研究积累，本书提出改变日光温室内种植方向为东西向，配套机械化生产技术，发展轻简化生产模式。

1. 发展日光温室东西向栽培技术

蔬菜日光温室栽培是我国北方地区，包括华北、西北和东北地区设施蔬菜生产的主要方式。几十年来，日光温室以人力为主要劳动力，温室内的生产布局、垄沟方向，形成了南北向定植管理的传统。常规的南北向生产是基于人工劳动方便而不断形成的，在发展机械化方面存在较大的局限性。在日光温室内使用机器作畦时，由于南北向距离很短，一般在6～10米之间，机器需要不断地折返，消耗大量的时间和人力成本。当前设施农业从业人员情况发生了较大的改变，年轻人很少愿意从事农业生产，温室劳力以老人和妇女为主，这种以人力为主的传统生产方式受到极大的挑战。改变温室内常规的南北向栽培方式，发展有利于机械化作业的东西向栽培模式，提高机械化程度为应对当前困局提供一种新的途径。改南北向栽培为东西向栽培，小型机械得以在设施内顺利作业，实现了机械化起垄、水肥一体化、机械化定植、投入品和果实采收运输机械化，大幅提高生产效率并降低用工数量，同时在生菜和番茄等作物上实现了增产（邹国元 等，2019）。目前设施叶菜东西向栽培技术已经开始在北京地区推广，受到了专家和农户的认可，相关标准化参数也已完善；同时，克服果菜植株高大影响光合作用、通风等难题，建立了设施果菜东西向栽培综合技术体系，为设施蔬菜全面采用东西向栽培技术奠定了基础。

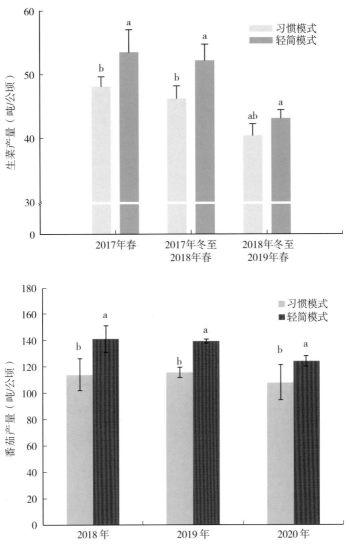

北京地区日光温室东西向生菜（上）、番茄（下）多年产量变化

注：不同小写字母表示处理间差异显著（$P<0.05$），下同。

2. 促进农机与农艺结合，提升生产效率

机械化程度低在一定程度上制约了设施蔬菜的发展，调研结果表明，京郊设施园区在轻简化技术方面应用较少，各区轻简化指数均低于0.4。采用东西向栽培，作业距离一般会大于50米，应用小型起垄机，机器作畦成本由300元/亩降至68元/亩，作畦时间由24小时/亩降到0.7小时/亩，生产效率显著提升。采用东西向滴灌施肥，滴灌设施的主管道长度由原来的50米以上降到10米左右，主管道打眼数量减少80%以上，安装人工与材料成本大幅下降。同时，在滴肥时配套施用液体肥，可以使肥水浓度分布得更加均匀，降低管路、滴头堵塞的概率，减少固体肥溶解的时间成本和劳动成本，进一步提升轻简化程度和生产效率。采用东西向空中滑轨运输车，也可以提高运输生产资料和收获果实的效率，降低劳动强度，促进轻简化生产。适合日光温室东西向生产的机械还有小型移栽机、铺膜机、叶菜收获机等，随着日光温室东西向生产面积和需求不断扩大，配套生产的机器还会增多。

我国已提出了推动温室蔬菜机械化生产的战略（农业农村部，2020），以促进提高设施装备水平支撑轻简化高效生产。东西向栽培完全符合这一发展需求。日光温室东西向栽培技术通过改变栽培方向等措施将传统生产模式升级为轻简模式，操作简单、省工省时、高产高效，成功解决了温室机械化与轻简化的难题，得到国内同行专家认可，适合在我国北方的日光温室蔬菜生产中推广应用。

第二章

共性技术

一、温室选择与改进

1. 日光温室

随着日光温室的不断发展，目前跨度12米甚至更大的温室成为新建日光温室的重要方向。大跨度日光温室的出现，为东西向栽培提供了更大的发展空间。

保温性能较好的日光温室，可以不加温越冬种植黄瓜、番茄等茄果类作物。

跨度12米组装日光温室外景

砖混结构日光温室拉线在北墙的固定与连接

2. 保温拱棚

保温拱棚也叫越冬拱棚，跨度一般不小于12米；分为东西向和南北向两种。东西向保温拱棚由于东西向空间大，长度可以达到100米甚至更长，因此更适合东西向栽培。

由于保温拱棚冬季保温性能不及日光温室，冬季室内最低温一般在6℃，因此冬季适合栽培草莓和叶菜；2月中旬进行果菜的定植。

保温拱棚外景

保温拱棚内部

3. 柔性日光温室与保温改进

（1）柔性日光温室介绍　柔性保温墙体日光温室的结构主要是由地下基础及保温部分、后墙及山墙全钢骨架及东、西、北三侧柔性保温墙体（包括后屋面）、前采光覆盖膜、采光屋面保温被等五大部分构成。

柔性日光温室主要结构参数表

棚内跨度 （米）	脊高 （米）	后墙高 （米）	前屋面角 （°）	前屋面倾角 （°）	后屋面仰角 （°）
10	5.2	3.5	31	75	45
12	6.1	4.3	31	75	45

（2）柔性日光温室布局　日光温室屋脊呈东西走向；南北宽度（前后骨架轴线水平距离）为12米；东西向（东西骨架轴线水平距离）长60～100米；外置双坡缓冲间面积为4米×4米=16米^2。

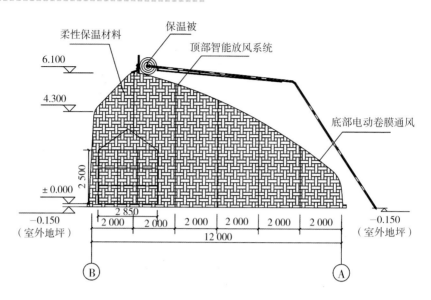

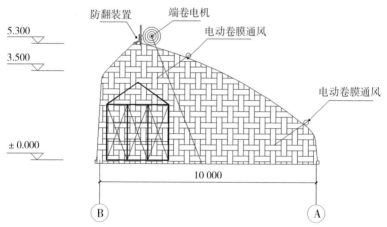

大跨度柔性日光温室侧视图

（3）柔性日光温室优点　土建施工少或基本无土建施工，对原有土地破坏性小，符合国家农业用地使用要求；内部空间大，利于宜机化作业；建筑垃圾基本为零，符合国家建设环保要求；建设期短，满足植物栽培季节要求；投资少，为传统砖墙日光温

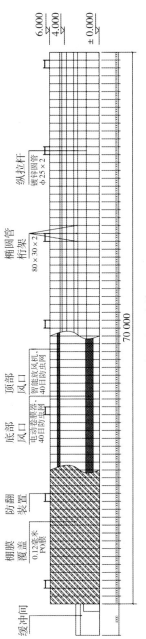

柔性日光温室俯视图

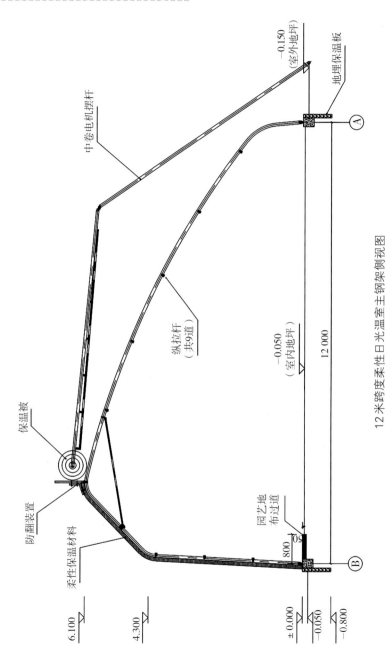

12米跨度柔性日光温室主钢架侧视图

室的30%左右；完全装配式结构，拆装方便，适宜土地短期租赁建设，有利于土地的恢复；工厂化生产、一体化安装，温室保温性能提升空间大。

柔性日光温室外景图

（4）柔性日光温室育苗　苗床东西方向安装布置，充分利用温室内部空间，并且苗床移动方便，便于操作，提高单位面积育苗数量。

育苗用柔性日光温室内景图

（5）**墙体为柔性保温墙体**　柔性保温墙体的功能防雨、抗腐蚀、抗紫外线、耐低温达到−30℃以下，耐高温可以达到70℃以上。保温被结构材料由抗UV-PE编制膜＋喷胶棉保温材料等构成，后外墙体蓬松状态下厚度约为10厘米。

柔性日光温室保温墙体

（6）**柔性日光温室吊挂栽培**　传统日光温室作物采用南北垄向栽培不易实现轻简化、机械化，较短的南北种植距离限制了农机具的使用和作业效率的提高。研究表明东西垄向与南北垄向栽培的作物冠层的光照累积量无显著性差异，在散射光日光温室中种植垄向对番茄的生长和产量没有产生影响。

4.温室宜机化程度

进行东西向栽培的初衷，就是为了实现栽培管理的轻简高效。因此，无论日光温室还是保温拱棚，都应尽量提高宜机化程度，尤其是旋耕整地、撒施肥料、起垄播种、机械收获等环节，动力大的机械效率较高，但是对设施也提出了更高的要求。

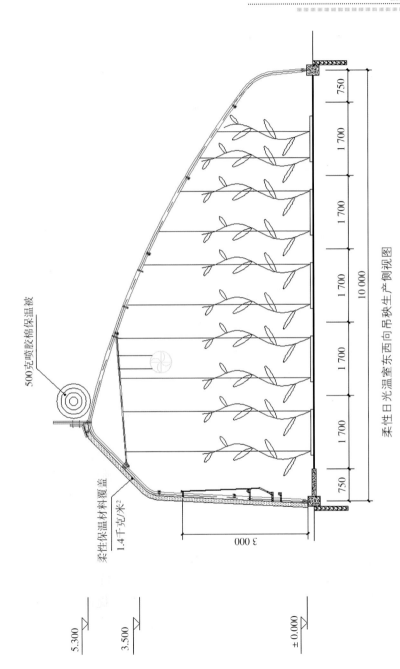

500克喷胶棉保温被

柔性保温材料料覆盖
1.4千克/米²

柔性日光温室东西向吊秧生产侧视图

5.300

3.500

±0.000

750

1 700

1 700

1 700

1 700

1 700

1 700

750

10 000

3 000

13

（1）进出温室的要求　宜机化程度高的温室，室内地面应与室外地面平齐，同时在东西两侧山墙开设大型农机进出的活动门。

（2）温室前屋角的要求　距离骨架落地点1.0米处的垂直高度越大，越有利于农机的无死角作业，一般以高于1.7米为宜。

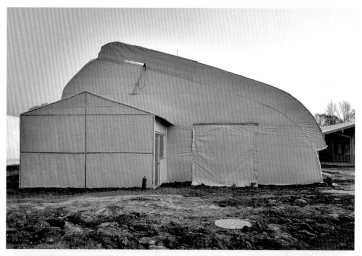

组装温室山墙开设的农机门（上：冬季密封；下：夏季开启）

前屋面处无死角耕
作，垂挂钢丝可固定
在第一道纵向系杆

组装温室北墙的钢
丝连接，可对东西向
垂挂钢丝

5.吊绳垂挂与东西向拉线

果菜的吊秧垂挂使温室结构强度和力学特性产生了改变。无论是日光温室还是保温拱棚，在进行南北向栽培时，垂挂钢丝（钢索）均为南北向，挂点分别位于骨架前屋面系杆和北墙固定点或通长横杆。此种情况下，垂挂钢丝对温室整体产生向内的牵引力，起到了拉杆的作用，有利于增强温室南北向的结构强度。

大跨度温室在进行果菜东西向栽培时，垂挂钢丝可以采用以下布置方法：

（1）东西向　钢丝（钢索）两端固定在东西两侧山墙，间隔一定距离加一条南北向钢索防止下垂，或者在骨架固定钢丝垂直方向固定。东西走向对两侧山墙的结构强度要求很高，温室东西向长度越大，垂挂钢丝对墙体向内的拉力越大。建议在山墙内侧增加桁架结构。

（2）南北向　钢丝（钢索）仍然采用南北向栽培时钢索的布置方法，如南北跨度较大，可采用骨架固定钢丝做垂直方向的固定。

温室山墙固定东西向钢丝

东西向钢丝与桁架
式山墙的固定连接

东西向垂挂钢丝
加装垂直方向牵引

二、机械配备

（一）有机肥撒施机

1. MSX650M履带自走式撒肥机

外形尺寸小，转弯灵活。采用GB300LE（三菱）汽油发动机，撒肥箱容积0.72米^3，施肥幅宽1.2～2.5米，施肥效率高，30分钟内就可完成2米^{3}的撒施作业，是人工撒施效率的50倍以上，而且适用性强，面肥和颗粒肥都能撒施。通过多次往返作业，施肥均匀。

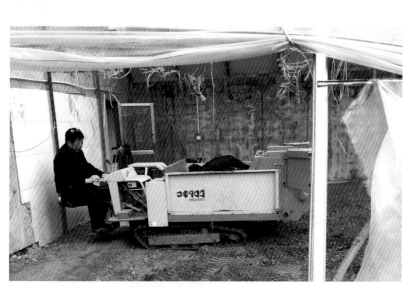

MSX650M履带自走式有机肥撒肥机

2. 天盛撒肥机

采用五征三轮车作为主机，配套动力19.12千瓦，撒肥箱容积1米^3，纯工作效率约为0.25米^3/分钟，加上掉头、空车驶回等时间，撒施一车肥需要9分钟左右。该撒肥机对肥料适应性强，撒肥均匀。

天盛撒肥机

3.2FJV-5.5履带式撒肥机

采用14千瓦汽油机作为动力，撒肥宽度5～6米，撒肥量可调，工作效率0.53～0.67公顷/小时。

2FJV-5.5履带式撒肥机

（二）深松机和旋耕机

1. 微耕机配套用深松机

该机以6.3千瓦以上微耕机为配套动力，可根据需要选用不同类型的旋耕刀组分别实现深松和旋耕作业，具有结构简单、使用安全、操作灵活等特点。可一次完成不大于30厘米的深松作业，对一般日光温室内多年靠旋耕机作业形成的犁底层实现破层。

手扶两轮深松机

2. 大棚王拖拉机配套用旋转式深松机

该机以25.74千瓦及以上大棚王拖拉机为配套动力，工作幅宽为130厘米，最大深松深度为30厘米，适用于温室内、外及大棚内的深松作业。

旋转式深松机与温室作业

3.大棚王拖拉机配套1.4米幅宽旋耕机

工作效率为每小时2.2亩，是传统微耕机的8倍左右，耕深可达15～25厘米，能够将地表土壤翻到下层，增加土壤肥力，改善土壤板结状况，利于储水保墒，达到增产增收的目的。

旋耕机

大棚王拖拉机配旋耕机作业

（三）起垄机

1.YTLM-60起垄覆膜机

以25.74千瓦以上拖拉机作为动力。一次进地完成旋耕、起垄、铺管、覆膜作业。垄面宽度55～65厘米，垄底宽度85～100厘米，铺好后两条滴灌管距离25～30厘米，覆膜平整，满足后续作业要求。

温室铺膜

2.1GZV60旋耕起垄机

以25.74千瓦以上拖拉机作为动力。一次进地完成旋耕起垄作业。垄面宽度50厘米、60厘米、70厘米可调节，垄底宽度60厘米、70厘米、80厘米可调，更好满足种植农艺要求，作业效率大约为2亩/小时。

温室起垄

YTLM-60起垄覆膜机

1GZV60旋耕起垄机

3. YT10-G自走式起垄覆膜机

采用7.35千瓦发动机，加上起垄、覆膜部件可实现旋耕、起垄、铺管、铺膜作业。垄面宽度90～120厘米可调，垄底宽度120～150厘米可调，垄高15～20厘米。

YT10-G 自走式起垄覆膜机

（四）种植机械

1. 2BS-JT10精密蔬菜播种机

作业幅宽1米。播种1～10行可调；行距9～90厘米可调；株距5～51厘米可调；可每穴播1粒或多粒。

2BS-JT10精密蔬菜播种机

2.2ZB-2型吊杯式移栽机

采用25.74千瓦大棚王拖拉机作为动力设备，栽植行数2行，行距40厘米，株距32～40厘米可调，一次进地完成铺滴管带、铺膜、移栽多项作业。

2ZB-2型吊杯式移栽机

3.2ZY-2A（PVHR2-E18）型蔬菜移植机

采用1.5千瓦汽油机作为动力，可进行膜上移栽，栽植行数2行，行距30～50厘米可调，株距30～60厘米之间6挡可调。栽植深度15挡可调。

4.电动自走式2ZB-2型移植机

机器采用油电两用混合动力，装有48伏12安·时蓄电池，备有3千瓦汽油发电机。电池充满可持续工作3～4小时，电量不足时发电机可根据电池电量自动启停。栽植行数2行，行距25～50厘米可调，株距10～50厘米可调，可进行膜上移栽。

5.自动喂苗装置

该机可与PVHR2-E18蔬菜移栽机配套使用，代替人工向苗杯里投苗，采用48伏锂电池提供动力，驱动各步进电机以及传感器工作。取喂苗臂上共有8个取喂苗爪，工作对象为72穴、105穴、

128穴标准育苗盘（根据育苗盘规格，调整取喂苗爪的数量和间距），抓取效率可达到3 600株/小时，作业成功率可达95%以上。该机控制系统采用西门子S7-200SMART型PLC控制，系统稳定，软件可靠性高。移栽作业后，穴苗成活率高，且整齐划一。

2ZY-2A（PVHR2-E18）型蔬菜移植机

2ZB-2型移植机

自动喂苗装置

（五）施肥机械

肥精灵/SS6516固液混合施肥设备，不仅可以施用液体肥料，还可以施用可溶于水的固体肥料，实现固体肥的自动称重、溶解、搅拌，提升了施肥的自动化程度，满足了园区的多样化施肥需求。可保障园区多栋温室的灌溉和施肥，不同温室相同的作业需求可以同时进行。

肥精灵/SS6516固液混合施肥设备

（六）病虫害防治机械

植保打药可采用水雾烟雾机、KXF-900A背负式动力喷雾机、手推式自动打药机，以及DS-DY5型自走式打药机。

1. 水雾烟雾机

该机以汽油为燃料，最大喷雾量为50～90升/小时，药箱容量为15升，工作时要求环境温度在-10～25℃，空气湿度范围为30%～80%，具有用水量少，省时省力，产生的细微颗粒穿透力强，可直接穿过植物冠层杀虫、杀菌，弥漫均匀，药害残留少等优点。

水雾烟雾机

2. KXF-900A背负式动力喷雾机

该机配套139FA型四冲程汽油机，配隔膜泵，最大动力0.7千瓦。点火方式为手拉绳起动，喷头间距为20厘米，喷头数量为4个，药箱容积为30升。使用方便、安全、高效、易于起动，运转平稳可靠，噪声小，可靠性高，背负作业舒适，喷药效率高，施药均匀。

3. 3BW-45型温室变量喷药机

肥箱容积45升，喷药压力泵流量2.1升，喷药压力最大为0.70兆帕，电子变量调节，可满足喷药需求。

KXF-900A背负式动力喷雾机

3BW-45型温室变量喷药机

4. 自走式叶菜作业通用平台

叶菜作业通用平台适合垄面宽度为60厘米的叶菜种植方式，该机配套动力为48伏80安·时铅蓄电池组+48伏7千瓦增程器，雾化效果好，搭载360°差速器，转向掉头灵活，作业轮距85～150厘米可以调整，适应不同作物打药。喷头4～7个，喷幅3.6～5.7米，折叠喷杆可进入日光温室作业，药箱容积380升。

自走式叶菜作业通用平台

（七）收获机械

1. MT-2001型叶菜收获机

温室遥控运输轨道车

采用36伏直流电机作为动力设备，充一次电可作业3小时，收获宽度0.7米，效率0.03公顷/小时。

MT-2001型叶菜收获机

2. RJP1200型叶菜收获机

采用48伏直流电机作为动力设备，充一次电可作业6小时，收获宽度1.2米，效率0.08公顷/小时，是人工收获效率的40倍左右。该机具对垄面的平整性要求较高，在垄面平整度较好的情况下，叶菜收获破损率可以控制在10%以内。

（八）残秧粉碎设备

小型残秧粉碎机

1. CT-X1700BA型履带自走式藤蔓（秸秆）粉碎机

切割软材质鲜料时最大切割直径45毫米，切割硬材质干料时最大切割直径30毫米。最小切碎长度为1.0厘米。处理木材效率为300～600千克/小时，处理秸秆效率为2 500～3 000千克/小时。

2. 东景美林/BTCFS460Y-D残秧处理机

可移动式电动藤蔓类植物专用粉碎机，干湿藤蔓、菜帮、菜叶均能处理，配套7.5千瓦电机，转速2 600转/分钟，粉碎物粒径3～8毫米，工作效率0.5～1吨/小时。

BTCFS460Y-D残秧处理机

区格化管理

三、东西向差异化管理技术

（一）不同栽培方向下温室环境差异

1.南北向种植温室

番茄作物南北向种植，株高1.5米，起垄栽培，垄宽1米、垄长5米，1 272株作物分53垄密植，每垄种植密度约为4.8株/米²，室内作物区整体种植密度约为4.24株/米²。室内作物更趋向分散于整个作物种植区域。

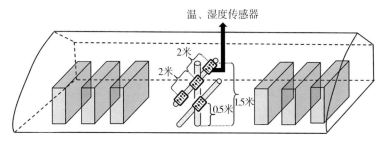

日光温室南北向种植与温、湿度传感器安装示意图

2.东西向种植温室

甜瓜作物东西向种植，株高1.5米，起垄栽培，垄宽1.3米，垄长60米，1 200株作物分3垄密植，每垄种植密度约为5.12株/米²，室内作物区整体种植密度约为4株/米²。室内作物更趋向聚集于一垄。

3.数据采集

室内布置Davis Temp/Hum传感器，实时数据采集包括室内温度与相对湿度，1号、2号、3号、4号传感器均位于冠层内部，其中2号传感器距地面0.5米，1号、3号、4号传感器距地面1.5米，南北向种植温室里传感器均位于温室中间一垄的冠层内，东西向种植温室里则均分在三垄冠层内。

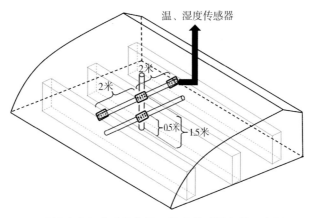

日光温室东西向种植与温、湿度传感器安装示意图

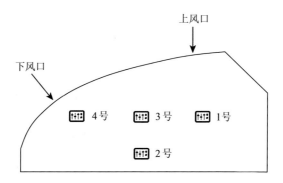

传感器空间位置侧视图

温室生育期内不同空间位置温、湿度数值差异

指标	1点		2点		3点		4点	
	均方根差值	显著性	均方根差值	显著性	均方根差值	显著性	均方根差值	显著性
温度（T）	4.4	$P<0.05$	3.8	$P>0.05$	4.7	$P>0.05$	4.8	$P>0.05$
相对湿度（RH）	12.3	$P<0.05$	10.9	$P<0.05$	11.9	$P>0.05$	10.2	$P<0.01$

4.分析

我们进行了方差同质性检验，并使用Welch（W）和Brown Forsythe（B）方法对其进行校正。数据分析表明，在试验周期（2021年9月10日至10月22日）内南北向RH>东西向RH，东西向T>南北向T，这可能与作物密度有关，因为东西向栽培作物模式倾向于将作物更多地集中在一垄，有利于作物冠层的保温，显然，这对不加温日光温室更加有利。两种种植模式下的温、湿度在第1点（靠近北墙）具备显著差异，并且这些差异均发生在夜间，当北墙和作物冠层之间存在辐射热交换时，东西向作物冠层具有更高的有效辐射热交换面积，导致东西向作物冠层单位时间截获的净辐射高于南北向，这可能是两个模型之间温度性能差异的重要来源。

（二）温室东西向栽培不同位置光温差异

东西向光照问题

在华北地区的典型日光温室（3面墙1面棚膜）里，设置2个栽培密度，并比较不同位置畦上的环境光温差异。

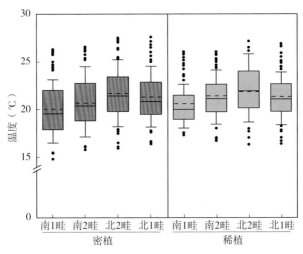

温室东西向栽培不同密度下不同畦面土壤温度

注：0～20厘米土壤温度（箱子中实线为中值，虚线为平均值），下同。

0～20厘米土壤温度呈由南向北逐渐升高的规律，其中稀植区北畦平均温度较南畦增加3.6%，密植区北畦较南畦增加6.3%；稀植区、密植区平均土壤温度分别为21.3℃和20.9℃，说明矮化密植对土壤温度有一定影响，有降低的趋势。

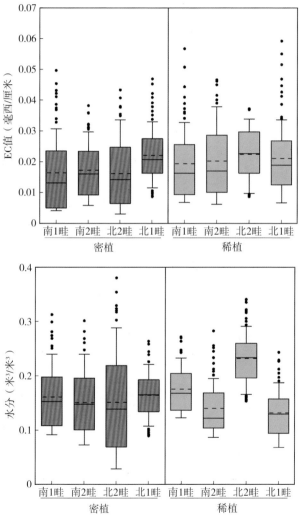

温室东西向栽培不同密度下不同畦面土壤EC值与水分变化

表层土壤0～20厘米，土壤EC值、水分含量的变化规律性不明显，除北2畦水分较高外，其他各畦相差不大。

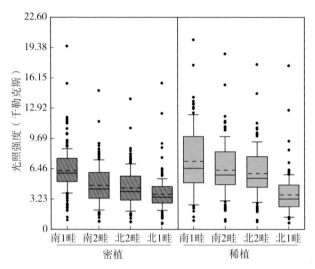

温室东西向栽培不同密度下不同畦面作物冠层光照强度分布

光照强度分布与温度则相反，光照强度由南向北呈明显降低的趋势且变幅较大，其中稀植区北1畦平均光照强度较南1畦降低了49.0%，密植区北1畦较南1畦下降了39.7%。可以看出，在不同空间位置上光照的分布差异相对较大。

第三章
叶类蔬菜东西向栽培关键技术

一、生菜

生菜株高较低、对光的敏感性较低，是最早开始东西向种植的一种叶菜。生菜在春季和秋冬季均可种植，春季种植采用窄畦，秋冬季采用宽畦，均可采用机器东西向起垄。

手扶式起垄机东西向作畦

春季起垄采用手扶拖拉机带起垄机，畦宽0.8～1.0米，畦高15～20厘米，每畦定植2行。

叶菜高平畦起垄机

秋冬季采用高平畦，手扶拖拉机起垄，畦宽1.5米，每畦4行。

窄畦每畦在中间铺1根滴灌带，覆膜。可手工覆膜或机器铺管铺膜一起完成。东西起垄作业距离较长，可减少转弯分段等工作，显著提高铺管铺膜的效率。

东西向铺管覆膜

宽畦每畦铺设3～4根滴灌带，增加灌水数量。冬季靠近棚南的畦生长较慢，所需水分、养分较少，可在畦边调节阀门减少水肥供应，降低水肥消耗，实行差异化管理，提高资源利用效率。

东西向高平畦铺设多行滴灌带

春季垄上双行定植生长后期，注意及时采收，加强温度和湿度管理，减少烧边和病害发生。

春茬生菜东西向单畦双行种植

　　垄上多行紫色生菜品种生长中后期，根据品种特性可分畦种植不同的品种，错时种植同时采收。

紫色生菜东西向高平畦多行种植

春季垄上4行种植，西班牙绿生菜进入收获期。

春季散叶生菜单畦4行东西向种植

冬季垄上4行罗马直立生菜进入采收期。

冬季直立生菜单畦4行东西向种植

东西向种植单条滴灌带长度增加10倍以上，为加强肥料的均匀分布、降低滴灌孔堵塞概率，可采用液体肥滴灌追肥。液体水溶肥溶解速度快，几乎不存在堵塞，也不需要分次不断地往施肥罐或施肥器内添加肥料，大量元素液体氮肥［尿素硝铵溶液（UAN）］、磷液体肥料聚磷酸铵（APP）逐渐普及，成本优势明显，其成本相当或低于最便宜的固体水溶肥料。目前液体水溶肥滴灌施肥与东西向栽培的配套技术研究已经完成，具有较好的效果，还可以使用液体肥配肥站，更加高效地服务整个园区。施用液体肥可增产10%～14%，氮、磷、钾减量8.92%～34.4%，氮肥偏生产力提高26%。

秋冬季生菜由于温室内棚前后光温条件存在差异，不同畦生菜生长速度不同，可采取分畦采收。温室内最先采收的往往是靠近北墙的区域，这一区域温度高、生长快，采收常常要提前。

设施园区液体肥配肥站配合滴灌水肥一体化

东西向分畦采收

温室中部安装空中轨道车可以提高运输效率，快速完成物资与收获生菜的搬运，运输效率提高5倍以上。

东西向轨道车用于货物运输、果实采收

二、芹菜

1. 大平地栽培

秋冬季温室芹菜栽培，8月中旬育苗，10月中旬定植，采用东西向大平地方式定植，没有平畦的畦埂，也没有高畦的畦沟，增加了种植的密度，采用滴灌灌溉。大平地要求土壤疏松，地面平整，否则容易造成高地水少、低地涝洼的浇水不匀的情况，影响生长的整齐度。

大平地栽培因为没有畦埂或畦沟，容易造成内部通风不良的情况，在种植的后期容易引起病害的发生，因此，大平地种植需尽量安排在最适合芹菜生长的季节。

芹菜平畦东西向栽培

平畦芹菜收获期管理

2. 高平畦栽培

温室芹菜东西向高平畦方式种植，垄宽1.2米、畦面宽80厘米，种植4行，株距15厘米。东西向畦需要改进，增加畦面宽度到1.1米，整畦宽度增加到1.4米，畦面定植6行，这样可以减少不必要的畦沟，从而增加每亩定植株数。

芹菜高平畦东西向栽培

　　高平畦种植的芹菜整齐度非常好，而且生长快。高畦、滴灌可以使土质松软、不板结、不积水，芹菜生长整齐、商品率高，畦沟有利于通风，可以减少病害的发生，也有利于田间的各种农事劳动。

高平畦芹菜东西向栽培生长中期

三、甘蓝

1.秋季甘蓝东西向轻简化种植要点

接上茬果菜种植，原畦不变，不整地，在春夏番茄原有畦面上翻耕（只翻耕畦面），翻耕后接茬种植甘蓝。垄上定植3行，行距30～35厘米，株距30～35厘米。定植后注意室内温度、湿度变化，采取通风等方式降低病虫害发生概率。每畦铺设3条滴灌带，采用滴灌追肥，每亩追复合肥20～30千克，可采用压差式施肥罐或文丘里吸肥器开展水肥一体化管理。

秋季甘蓝东西向栽培

2.管理及采收

定植到莲座期控制肥水施用，促进地下部生长；结球期加强肥水管理，少量多次。根据不同畦长势，分畦采收，采用轨道车运输。

东西向栽培甘蓝采收期

四、油菜

起垄种植，充分利用耕地，根据播种机幅宽和叶菜收获机幅宽，垄顶宽设置为1.2米。可采用起垄机进行起垄作业，标准温室东西向可以起4垄，垄走向要尽量直，为后续收获等作业预留较好条件。

宽平畦自走式起垄机

　　温室油菜对播种时间要求不严格，北方地区一年四季均可种植。采用精量直播机作业前可对垄面进行镇压，确保垄面土壤细碎紧实，作业时操作人员要走垄沟，避免对垄面平整度产生影响。

精量播种机

　　东西向油菜也可以采用线播技术播种，采用高平畦，畦上5条线播种，不用间苗，省工高效。畦上铺滴灌带，采用水肥一体化管理。

东西向线播油菜收获期

采用机器收获，作业前要对收获机进行调试，试作业3～5米，作业时使收获机割台贴到垄面，保证收获后的油菜散叶少、整棵多、商品性好。收获机作业行走速度不宜过快，作业过程中机手要与辅助工人配合好，提高作业质量。收获机对垄面的平整性要求较高，在垄面平整度较好的情况下，油菜收获破损率可以控制在10%以内。

自走式小型叶菜收获机

五、菠菜

1. 旋耕起垄

在撒完有机肥的温室内直接用旋耕起垄机进行耕整地作业，设备采用5.5千瓦汽油发动机，东西向进行旋耕起垄，起垄高度15～20厘米，垄面宽度90～120厘米，垄面平整、垄形整齐，可单人作业，省工省力。

2. 播种

菠菜种植建议使用直播的方式，采用蔬菜精量播种机在做好的垄面上进行种子直播。根据菠菜种植的农艺要求，播种行距15

厘米，株距3～4厘米，播深1～2厘米。精量化的播种部件能够实现一穴一粒，避免了后期的间苗环节，既节省了种子又节约了人力。东西向种植距离较长，采用从中间铺设主灌溉管道，分别向两侧延伸，可避免管道过长导致的浇水不均。单垄6行种植，铺设3条滴灌带，保证每行菠菜浇水均匀。

东西向旋耕起垄

菠菜东西向精量播种

3.采收

菠菜一般采用带根收的方式采收，使用菠菜收获机进行收获时，刀具可入土切割菜根，机器行进同时抖土部件可将菠菜根上大部分的土块抖落并平铺于地面，后续人工捡拾即可。实现了收割、抖土、收集一体化作业，大幅提升了工作效率，降低了人工作业强度。

手扶叶菜收获机

六、菜心

1.耕整地

在撒完有机肥的温室内使用旋耕起垄机进行耕整地作业，东西向起垄，起垄高度15～20厘米，垄面宽度90～120厘米。

2.播种

采用蔬菜精量播种机在做好的垄面上进行种子直播。根据菜心种植的农艺要求，作业垄面宽度100厘米，播种行距10厘米，株距4～5厘米，播深1～2厘米，精量化的播种部件能够实现一穴一粒，避免了后期的间苗环节，既节省了种子又节约了人力。

菜心精量播种

3. 灌溉

东西向种植距离较长，采用从中间铺设主灌溉管道，分别向两侧延伸，可避免管道过长导致的浇水不均。单垄10行种植，因菜心种植行距小，铺设3条滴灌带即可，保证均匀灌溉。

4. 采收

菜心一般采用不带根的采收方式，使用电动自走式叶菜收获机收割，割刀贴土面以上作业，或根据需要调整切割高度，割倒后的菜心随拨禾轮被带到传送带上，落入提前备好的筐内，待盛菜筐装满更换菜筐即可。

菜心机械化采收

第四章

果类蔬菜东西向栽培关键技术

一、番茄

番茄是果类蔬菜中对光照比较敏感的作物，光饱和点较高，光照不足或遮光等影响番茄产量。采用东西向种植存在一定的前后遮光问题，通过降低温室前排的高度或矮化密植可以减少光照产生的影响。田间实践表明，番茄采用东西向种植可以保证产量与品质并降低生产成本。与番茄相比，其他常见果类蔬菜，如黄瓜、茄子、青椒等对光照要求稍低，采用东西向种植则更加容易。

1. 育苗

选用抗病性好、高产优质、出芽率高、外形饱满的品种，基质育苗（草炭或农业废弃物基质），采用72孔穴盘，每穴1粒种子。小批量可人工育苗，大规模育苗时采用自动或半自动气动式育苗机育苗。冬春季育苗期为50天左右，秋季为35天左右。春茬宜密植，适当增加育苗量。

自动育苗机

2. 基肥

机械施肥，翻地前使用温室自动化有机肥施肥机撒施有机肥，配套动力19.12千瓦，撒肥箱容积3米³，工作效率约为0.25米³/分钟。机械施肥可以充分提高均匀性并显著减少劳动力投入。商品有机肥每亩用量控制在0.5～1吨，另施普通复合肥50千克，撒施均匀后翻地。

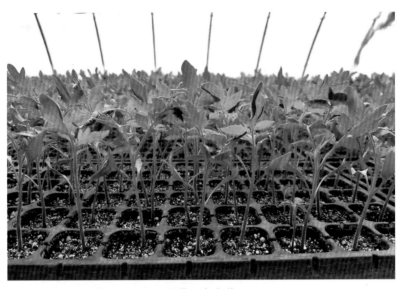

番茄穴盘育苗

设施蔬菜小型有机肥自动撒施机

3.整地作畦

采用小型旋耕机翻耕整地，用手扶起垄机（7～10马力*，汽油机）进行东西向起垄作畦，番茄畦宽1.4～1.6米，垄高15～20厘米。采用滴灌施肥，温室东西走向较长时，首部安装在温室中部，垄上2～3行滴灌带，东西向布置，可显著减少安装用工。

手扶两轮小型起垄机

采用悬挂式起垄机，以30～60马力拖拉机作为配套动力，一次性完成东西向起垄、铺膜、铺管。垄形一致性可达95%以上。滴灌带铺在垄面上，位于秧苗附近，每畦2～3条滴灌带；地膜应覆盖整个垄面，两侧地膜应均匀压实，地膜幅宽100～140厘米。建议畦宽1.4～1.6米，垄面宽60～70厘米。

4.定植

选择4～5叶1心的无病健壮幼苗，人工移栽，垄上双行交叉定植，株距30～35厘米。棚前2畦可采用矮化密植，进一步缩短行距，留2～3穗打顶，利用温室内差异化光温资源，充分发挥棚

---

* 马力为非法定计量单位，1马力≈0.735千瓦。——编者注

前空间小但光照通风好、温度高等优势，提高生产效率。人工移栽可在缓苗后覆盖地膜，机器移栽需提前覆膜。

悬挂式起垄机一次性起垄、铺膜、铺管作业效果

番茄东西向铺管定植

5.机械移栽技术

有条件也可采用移栽机，选用2ZYZ-2A型双行移栽机，配套1.5千瓦风冷4冲程汽油发动机，单人乘坐在机器上向吊杯里投苗，一次完成两行移栽作业，垄上行距40厘米、株距30～40厘米可调，幼苗最佳高度为13～18厘米。

2ZYZ-2A型双行移栽机定植番茄苗

2ZYZ-2A型双行移栽机东西向移栽作业

6. 东西向拉线吊蔓

温室长度较短时，利用温室两侧山墙打孔进行东西向拉线，温室长度较长超过100米时建议采用温室内放置钢架支撑，进行拉线，两侧靠近墙体位置及棚中均需放置钢架。与南北向拉线相比，东西拉线可减少用工和打孔数量。

温室番茄东西向拉线、吊蔓

7. 追肥

采用滴灌施肥，常规一般采用压差式施肥罐，精准化管理可以采用文丘里施肥器、比例泵施肥器、自动化施肥机等装备（文丘里管主要优点是装置简单，但在施肥过程中需要人工搅拌；比例泵的优点则是自动化程度高、精确度高，更适合轻简化栽培的发展）。温室东西走向较长的中间留走道，安装水肥一体化首部及主管道，向两侧布置滴灌带，促进水肥分散均匀。

8. 授粉

采用熊蜂授粉，减少人工、提高番茄坐果率。相较于人工授粉和激素授粉，熊蜂授粉效率更高、坐果果实更自然，是一种接近天然授粉的方式。每个常规日光温室（0.5～1亩）放置1～2个标准蜂箱，不宜放置太多，防止过度授粉。

熊蜂箱使用操作

比例泵吸肥器（左）与文丘里追肥装置（右）

熊蜂授粉箱

9. 果期管理及采收

膨果前控制肥水施用，促进地下部生长；膨果期加强肥水管理，少量多次。及时采收，同一畦上成熟度基本相同，分畦收获，提高商品性，利用与种植方向一致的轨道车等运输机械，手推式或电动式轨道车均可，减少人工搬运，降低劳动强度。

东西向番茄
膨果期

温室番茄东西向栽培结果期

温室番茄东西向栽培成熟采收期

10. 接茬种植

秋冬季种植叶菜，使用原畦，不整地，在原畦面翻耕，定植。

二、茄子

1. 定植

与番茄相比，茄子对光照需求较低，东西向栽培的茄子植株生长几乎不受影响。机器起垄，畦宽1.6米，畦面宽0.8米，垄上双行种植，株距40厘米。

缓苗后，加强水肥和病虫害管理，挂粘虫板。及时吊蔓整枝。

茄子可以无限生长，根据需要，可延长茄子生长周期，促进高产。

茄子苗东西向定植

茄子东西向栽培苗期管理

2. 收获

及时采收，加强肥水供应，打掉老叶促进通风。

茄子东西向栽培盛果期

茄子东西向栽培收获后期管理

三、黄瓜

　　黄瓜起垄栽培，每畦安装两根滴灌带，覆膜，双行定植。黄瓜对光照要求不高，光饱和点较低，后期可以通过降蔓来降低植株高度。东西向栽培对黄瓜的产量几乎没有影响。

　　及时采收，加强温、湿度管理，减少病害发生。

黄瓜东西向起垄栽培

加强秋冬茬东西向黄瓜温、湿度管理

四、青椒

1.定植

青椒耐弱光，对光照要求较低，北方适宜在秋冬季种植。起垄栽培，适当密植，每亩栽4 000株左右，每穴2株。畦面铺设滴灌带，采用水肥一体化管理。

青椒东西向起垄定植

2.肥水管理

及时吊秧整枝，加强肥水管理。定植水浇足后，到第一果坐果之前一般不再浇水。门椒长到3厘米左右，开始浇水追肥。

青椒东西向栽培整枝吊秧

3. 采收

分畦及时采收。观察不同畦上生长状况，及时采收，以促进新果生长。

青椒东西向栽培成熟采收

五、果菜叶菜间作

根据作物特性和温室环境差异，可采用不同畦面种植不同蔬菜的间作方式进行东西向差异化生产，获得最佳生产效益。如豆角喜热、甘蓝生菜等耐寒，可在棚前种植一行甘蓝，其他畦种植豆角，协同解决棚前低温、豆角上部空间占用较大不利于通风等问题。

温室最后一畦光照条件较差，南北向时无法单独利用，东西向种植则可在最后一畦种植耐弱光的叶类蔬菜，充分利用温室环境条件，通过差异化管理实现增产增收。

东西向栽培豆角与甘蓝间作

秋冬茬弱光区叶菜与果菜间作

第五章

芳香类蔬菜东西向栽培关键技术

一、韭菜

按照韭菜特性，温室栽培可分为平畦栽培、高平畦栽培两种方式。

1. 韭菜平畦栽培

基质穴盘育苗，东西向整地作畦，长平畦栽培，1.4米宽平畦，定植4行，穴距25厘米。

每畦铺设3条滴灌带，水肥一体化浇水施肥。

韭菜东西向长平畦栽培

韭菜东西向栽培滴灌带布置

2.温室韭菜东西向高平畦栽培

穴盘育苗，每穴定苗10～15株。微耕机整地，东西向作畦，畦沟宽1.4米，畦面宽1.0米，每畦铺设2条滴灌带。每畦定植4行，株距25厘米。由于温室跨度小，骨架低矮，越靠近南边的

韭菜东西向高平畦栽培

畦，在深冬季节越是寒冷、潮湿，越容易发生灰霉病，最南畦可以改种其他耐寒、抗病、生长期短的蔬菜品种，如樱桃萝卜、白萝卜等。

3.高平畦混作

东西向作畦后产生了明显的区域划分，根据天气条件及作物特性可采用不同作物混作栽培。日光温室跨度小，棚前结构比较低矮。温室内做出4个高平畦，用微耕机机械作畦，省力高效，靠近棚南边的2个畦可安排种植水果胡萝卜、胡萝卜，冬季与其他蔬菜相比，病害少、抗逆性强。第三畦是冬季条件最好的畦，安排种植光温要求较高的球茎茴香，可种植4行，株距30厘米。最北的一畦，温度比前面的畦高，湿度小，但光照弱，适合种植叶菜，安排种植羽衣甘蓝，每畦种植3行，株距35厘米。

萝卜、茴香与羽衣甘蓝东西向高平畦混作

生长中后期，萝卜、茴香、羽衣甘蓝各自生长条件均能满足，萝卜低矮耐低温，茴香光温条件最好，羽衣甘蓝对光要求较低，均生长良好。

萝卜、茴香与羽衣甘蓝东西向混作生长中后期

二、薄荷

薄荷别名苏薄荷、薄荷叶、山薄荷等，为唇形科植物。薄荷地上部干燥后可供药用，全国各地皆有栽培。薄荷是集观赏、食用及药用为一体的植物，它的用途极广，经济效益不

温室薄荷东西向栽培

错。东西向栽培可节省人工，提高集约化种植程度。温室冬季栽培，10月下旬至11月上旬定植。滴灌施肥浇水，追肥以氮肥为主，进入生长旺盛期，及时摘除顶芽，促进侧枝生长。当主茎株高20厘米左右时，即可采摘嫩尖，侧枝萌发后可陆续采摘。

三、法香

法香又称皱叶香芹、法国香芹、洋芫荽等，为伞形花科欧芹属草本植物，是芳香类特菜的一种。法香耐寒喜冷凉，冬季日光温室东西向小高畦种植，微耕机作畦，畦沟宽80厘米，畦面40厘米，每畦1条滴管带。每畦种植2行，穴距25厘米。

温室法香东西向栽培

成熟期：法香为多次采收蔬菜，叶片完全展开后，高度15～20厘米时开始采收，从茎基部分次采收。

温室法香东西向栽培成熟采收

四、香葱

香葱又叫小香葱、小葱等，属于调味蔬菜。冬季日光温室东西向小高畦种植，微耕机作畦，畦带沟宽80厘米，畦面40厘米，每畦1条滴管带。每畦种植2行，穴距25厘米。香葱一年四季均可种植，也可作为倒茬作物，原畦不变，直接栽培或起垄栽培，机器起垄节省人力。

温室香葱东西向栽培

第六章

西瓜、草莓东西向栽培关键技术

一、西瓜

东西向温室西瓜可以选择越夏栽培，利用6月前后高温季节栽培一茬西瓜，充分利用土地和高温季节。如在春季生菜收获后，温度升高不利于生菜生长，栽培喜光耐热的西瓜，提高温室生产效率。原生菜畦不变，选择温室中间畦吊蔓栽培西瓜。

西瓜东西向越夏栽培与吊蔓

1. 定植后管理

利用生菜残留养分，开花前控制水肥，一般不浇水施肥，防止徒长。坐瓜后加强水肥供应，少量多次，保持土壤湿润，减少干湿交替避免裂果。

西瓜东西向越夏栽培定植后管理

2. 坐果后期管理

控制白天和晚上温室温度，有利于形成较大的昼夜温差，促进糖分积累。实时采收，一般坐果后26 ～ 28天成熟。

西瓜东西向栽培采收后期

二、草莓

1. 草莓土壤栽培

草莓是一种营养价值很高，颇受人们喜爱的鲜食水果，栽培面积较大的省份有辽宁、河北、山东、江苏、四川等。与草莓生产先进国家相比，我国的草莓生产还存在较多问题，特别是人工费用较高，急需引入机械化模式，但传统栽培方式与机械化之间存在诸多矛盾。

（1）传统人工南北起垄模式　传统的草莓温室栽培方向为南北方向，通常采用人工起垄，工作量较大，费时费力，劳动强度高。

草莓传统人工南北向起垄

（2）机械化南北起垄模式　当传统南北向作畦时，机器操作到畦垄的两头，难以掉头（普通温室畦垄通常在6～7米，机器需要转弯半径），当强行掉头后，会造成南北两头的畦垄无法使用机械完成，需要后期人工进行修补。由于畦数过多，所耗人工较多，机械化效率差。

（3）草莓东西向机器起垄　手扶式草莓起垄机，通常有柴油或汽油机（7.5～16马力），开沟深度30～40厘米，宽度15～40厘米，培土高度达到30厘米，作物间距50～110厘米，可根据棚型、地形情况，调整相应深度、宽度和高度，可进行开沟、培土和扶垄等操作，每小时可起垄1～1.5亩，可节省10～15个工。

草莓机械化南北向起垄

草莓东西向机器起垄

（4）拖挂式QL350-2型草莓起垄机　与30马力以上拖拉机配套使用，沟底宽24～30厘米，垄顶宽35～40厘米，垄底宽58～62厘米，起垄作业效率在2 000米/小时以上。

草莓起垄机

拖挂式QL350-2型草莓起垄机作业

草莓栽培相对于其他作物，其畦垄较多且较高，在种植前需破垄、消毒和整地时，传统南北向畦垄机器在破垄时，同样是难以操作，需要频繁掉头，而采用东西向栽培，畦垄较长，工人操作较为顺畅。草莓东西向机器破垄和整地，由于东西向栽培，充分利用设施的长度，铺设滴灌带和地膜，可减少滴灌带和地膜的浪费，并且有利于采取分区域的水、肥、药管理。

东西向起垄增加北畦扩大种植面积

草莓东西向栽培生长期

草莓东西向起垄栽培实景

　　草莓种植过程中，需要随时进行打老叶、劈叶、疏花疏果等农事操作，为了减少工人的劳动强度，可以使用板凳车，若传统的南北畦垄，需要频繁起身换畦，大大降低了舒适度，而东西向起垄使草莓的劈叶、打杈和采收等农事操作更轻松，同样对于喷施叶面肥、植保打药，东西向操作也更为方便。

草莓东西向栽培管理使用的板凳车

通常东西向机械作畦方式比传统南北向人工作畦省工50%～60%，单株产量比传统作畦方式增加5%～10%。

草莓东西向栽培成熟期

草莓东西向起垄栽培模式具有草莓苗受光均匀、果实提前成熟、产量高、品质好和果实不断茬等优点，但在实际栽培中，需要将垄北面的花果整理到垄南面，更有利于着光。

2.草莓基质栽培

在日光温室内，顺着日光温室过道方向（东西向），在地面上搭建草莓基质槽，采用半地下槽式进行构建，每0.75米设置1排，其中槽底宽0.4米、过道宽0.35米，共需构建10排基质栽培槽，基质槽由42厘米宽的后板和17.6厘米宽的前板分别插入地下10厘米构建成，两块板向内形成一定角度。示意图如下：

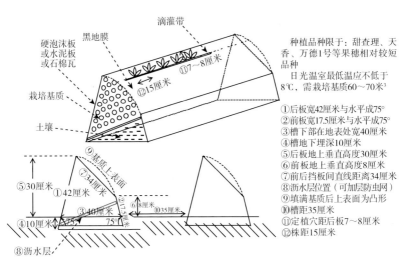

种植品种限于：甜查理、天香、万德1号等果穗相对较短品种

日光温室最低温应不低于8℃，需栽培基质60～70米³

①后板宽42厘米与水平成75°
②前板宽17.5厘米与水平成75°
③槽下部在地表处宽40厘米
④槽地下埋深10厘米
⑤后板地上垂直高度30厘米
⑥前板地上垂直高度8厘米
⑦前后挡板间直线距离34厘米
⑧沥水层位置（可加层防虫网）
⑨填满基质后上表面为凸形
⑩槽距35厘米
⑪定植穴距后板7～8厘米
⑫株距15厘米

草莓基质槽栽培模式示意图

施工时先平整土地，并在相应位置定线、起垄、挖槽，下挖深度4～5厘米，挖出的土向两侧过道转移并铺平（槽在土下10厘米）。挖好后平实沟底，并铺无纺布或1厘米河沙作为沥水层。按示意图在沟两侧分别插入硬质泡沫板（或水泥板），把宽度为40厘米的黑地膜从中部盖在泡沫板上（槽内外各一半），再填充基质。槽内基质应填实，并可轻微下压，基质上表面距槽口2厘米为宜，以管灌形式将基质水浇透（水分不要过多）。24小时后铺设副滴灌

带，滴灌带布置如示意图。安装好滴灌带就可定植草莓种苗，注意种苗的"弓背"均向南侧，草莓苗成活后再把槽外的塑料膜分别回铺到基质上，两块膜重叠不留中缝。

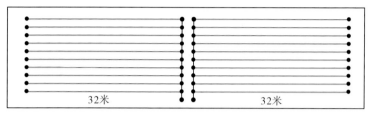

主滴灌带布置在基质栽培区的中部，南北走向，分向东、向西出水各1条，每条长8米；副滴灌带东西走向，向东、向西各10条，每条长32米，每条间距0.75米

滴灌带安装示意图

采取东西向单行定植方式，株距15厘米，每亩定植5 700株，较南北向方式用苗量减少30%，发挥了单株优势，降低种苗成本。

地表的过道根据需要可采取铺塑料膜或砖块的方法进行覆盖，提高观赏、采摘效果。

在北京市昌平区万德园采用槽式基质栽培模式种植草莓，基质槽全部南向，易于吸收和积累热量，平均地温升高，基质与地

草莓槽式基质栽培实景

表接触，地温昼夜变化小，有利于草莓生长发育。与土壤东西向种植方式及土壤南北向种植方式进行比较表明，槽式基质栽培的草莓植株易于调控，长势平稳，产量均衡，植株受光好，无阴阳面，产量较东西向土壤栽培方式提高47%，较南北向土壤栽培方式提高31%。基质栽培的草莓果实形状好、着色好、优质品率显著提高，价格是普通栽培的3倍，经济效益明显增加。

草莓东西向基质栽培种植密度降低，利于观光采摘。

草莓东西向栽培的生长情况

草莓东西向栽培与葡萄套种的种植情况

第七章

展　望

　　日光温室东西向轻简栽培模式针对我国北方传统温室南北向栽培机械使用难、生产效率低的现状，将南北向转变为东西向，把菜"横"过来种，满足机械化生产的需求，实现了生产模式的根本转变。目前已在北京及周边地区开始推广，形成了叶菜—叶菜连作、叶菜—果菜轮作等多种轻简化栽培技术模式，实现了叶菜平均增产8.6%，节约肥、水、药投入19%～30%，周年生产合计降低工人劳动投入时间20%，显著提高生产效率，同时在新型温室建造、作业机械配套、绿色生防技术等方面取得了较大的进展，有效地推动了温室蔬菜轻简化生产转型。

　　虽然温室东西向栽培在技术集成和区域推广上取得了一定进展，但东西向栽培与传统的南北向栽培相比，在种植方法上发生了较大的变化，种植户需要一个接受的过程和工具配备的过渡阶段。随着我国城镇化加快，农村人口大量进城务工，农业劳动力进一步老龄化，劳动密集型的温室生产的从业人员短缺问题将日益突出，发展温室轻简化生产是破解难题实现转型的重要支撑。展望未来，温室东西向轻简化生产还需要在以下几个方面进一步开展工作：

　　1. 温室条件与东西向生产的匹配和融合

　　温室东西向栽培技术是基于北方尤其是基于北京周边地区温室条件发展起来的，与北京日光温室结构的匹配度是最好的。常规的北京日光温室一般为三面砖墙，顶棚覆膜，地面与室外基本持平，东西走向，长为60～100米，宽为8～10米，内部支撑柱较少或没有。这些条件有利于发展东西向生产，但随着机械化的应用，温室有逐渐加大的趋势，较大操作空间有利于提高机械效率。因此新的温室结构也在逐渐适应这一趋势，加宽加高温室，提高温室前倾角，增加机械进出通道。这些变化将进一步加快东西向栽培技术与温室结构的融合，促进机械化、轻简化的快速发展。但同时，由于地域特点，一些地方的传统温室结构与北京温室存在差异，如有的地区温室地面下凹，对于机械进出有一定影响；有的温室内立柱比较多，影响机械的作业范围；还有的温室东西向作业长度超出200米，对于机械作业和劳动量分布都有一定影响。这些具体问题都需要在生产中给予关注和改进，建议在新建温室时考虑增加机械的便利性和作业范围的扩大，减少不利于提高机械效率的因素。

2. 提升生产机具与东西向生产的支撑度

温室东西向栽培为机械化生产奠定了基础，但我国温室机械的普及和应用程度还有待进一步提升。常规的机器如旋耕机、深翻机等应用较多，而在基肥施用、起垄、铺膜、移栽等环节的机器应用还很少。一方面传统上温室是以人工为主要劳动力，机器应用较少，另一方面温室生产限制机器的应用，因此机器设计和制造厂家在这一方面的投入相对较少，在东西向栽培逐步进入生产应用时，机器制造也应加快思维转变，跟进这一变化，推动温室东西向栽培机器的大量生产和普及。目前，诸如温室有机肥施用、铺地膜和铺滴灌带、移栽等都已经有相应的机械可以使用，但还有很大的改进空间，如施肥机的国产化、铺膜铺管机的小型化、移栽机的作物适应性等，都需要进一步完善和推进。

3. 推进栽培技术与东西向生产协同

在不同蔬菜中，叶菜是比较容易实现东西向栽培的。由于叶菜大多株高较低，生产周期较短，改变栽培方向对群体的影响较小，也最容易被生产者接受。但温室周年生产，不同蔬菜四季接茬栽培，各地栽培习惯不同，叶菜如何与其他蔬菜轮作，形成合理的轮作制度和模式是实践中需要进一步总结的。如在华北平原和西北地区，温室番茄的东西向栽培形成了两种栽培模式，西北地区由于光照充足、气候干旱，形成了番茄单垄大行距多果穗的栽培模式；而华北地区光照相对减少，空气温、湿度有所增加，形成了矮化密植的模式。两种模式下也都需要进一步考虑下茬叶菜或果菜接茬栽培的问题，矮化密植可以在不改变畦垄的条件下与叶菜快速衔接，大行距单垄栽培需要重新耕作栽培叶菜或一年一熟长茬栽培番茄。这些栽培制度都需要在实践中不断探索总结。

REFERENCES 主要参考文献

董静，赵志伟，梁斌，等，2017. 我国设施蔬菜产业发展现状［J］. 中国园艺文摘，33（1）：75-77.

黄绍文，王玉军，金继运，等，2011. 我国主要菜区土壤盐分、酸碱性和肥力状况［J］. 植物营养与肥料学报，17（4）：906-918.

李占台，杨俊刚，邹国元，等，2019. 北京市设施蔬菜园区轻简化生产现状分析［J］. 中国蔬菜（8）：68-75.

刘宏斌，李志宏，张云贵，等，2016. 北京平原农区地下水硝态氮污染状况及其影响因素研究［J］. 土壤学报（3）：405-413.

农业农村部，2020. 农业农村部关于加快推进设施种植机械化发展的意见. http://www.moa.gov.cn/govpublic/NYJXHGLS/202006/t20200629_6347402. htm.

张真和，2014. 我国发展现代蔬菜产业面临的突出问题与对策［J］. 中国蔬菜（8）：1-6.

邹国元，杨俊刚，孙焱鑫，2019. 设施蔬菜轻简高效栽培［M］. 北京：中国农业出版社.

图书在版编目（CIP）数据

图说日光温室东西向栽培关键技术 ／ 杨俊刚等编著
. —北京：中国农业出版社，2023.12
ISBN 978-7-109-31165-7

Ⅰ. ①图…　Ⅱ. ①杨…　Ⅲ. ①日光温室—温室栽培—
栽培技术—图解　Ⅳ. ①S625.2-64

中国国家版本馆CIP数据核字（2023）第187914号

中国农业出版社出版

地址：北京市朝阳区麦子店街18号楼
邮编：100125
责任编辑：魏兆猛
版式设计：王　晨　　责任校对：张雯婷
印刷：北京通州皇家印刷厂
版次：2023年12月第1版
印次：2023年12月北京第1次印刷
发行：新华书店北京发行所
开本：880mm×1230mm　1/32
印张：3
字数：80千字
定价：30.00元

版权所有·侵权必究

凡购买本社图书，如有印装质量问题，我社负责调换。

服务电话：010-59195115　010-59194918